REINAS DEL UNIVERSO ANIMAL

REINAS DE LAS ABEJAS

Gobernantes de la colmena

de Maivboon Sang

PEBBLE
a capstone imprint

Publicado por Pebble, an imprint of Capstone
1710 Roe Crest Drive
North Mankato, Minnesota 56003
capstonepub.com

Los datos de catalogación previos a la publicación se encuentran disponibles en el sitio web de la Biblioteca del Congreso.
ISBN: 9780756591571 (tapa dura)
ISBN: 9780756591526 (tapa blanda)
ISBN: 9780756591533 (PDF libro electrónico)

Resumen: ¡Es bueno ser una abeja reina! La abeja reina deja que las otras abejas de la colmena la alimenten y la cuiden. ¿Qué hace ella? ¡Ella pone huevos! ¡Una abeja reina puede poner más de mil huevos al día! Echa un vistazo a la estructura social dentro de una colmena de abejas y el papel importante que desempeñan la abeja reina y las abejas obreras.

Créditos editoriales
Editora: Carrie Sheely; Diseñadora: Bobbie Nuytten; Investigadoras de medios: Morgan Walters; Especialista en producción: Whitney Schaefer

Traducido al español por U.S. Translation Company

Créditos fotográficos
Alamy: Chico Sanchez, 25; Getty Images: mady70, Cover, Paul Starosta, 27; Shutterstock: Ant Cooper, bottom 7, BrightRainbow, (fondo de puntos) elemento de diseño, Daniel Prudek, top 7, Dave Massey, 19, Diyana Dimitrova, 10, DrSam, middle 7, Hand Robot, bottom 15, Imabulary, 28, Jay Ondreicka, 18, Kala Stuwe, 12, Kuttelvaserova Stuchelova, 8, 23, Lehrer, 5, Love Lego, 13, Michaelnero, 17, Mirko Graul, 20, Nadim Mahmud - Himu, top 15, Toms Auzins, 9, Volodymyr Burdiak, 21, WinWin artlab, (coronas) elemento de diseño, Wirestock Creators, 11, Wulan Rohmawati, 29

Printed and bound in China. PO 6098

Tabla de Contenido

Las palabras en **negrita** están en el glosario.

¡Las abejas hembras gobiernan!

Muchos animales viven en grupos. A menudo, los machos son los líderes. ¡Pero esto no siempre es cierto! En el caso de las abejas sociales, las hembras están a cargo. Mientras las reinas ponen huevos, otras hembras llamadas obreras dirigen al grupo de abejas o a la **colonia**. ¡Vamos a adentrarnos en el zumbido de estas ocupadas abejas hembras!

Una abeja melífera reina (centro) rodeada de abejas obreras

Conoce a las abejas sociales

Hay más de 20 mil tipos de abejas en el mundo. La mayoría de las especies viven solas.

Sólo unos pocos tipos de abejas viven en colonias. Estas abejas sociales incluyen las abejas melíferas, las abejas sin aguijón y los abejorros.

Las abejas melíferas viven en todo el mundo excepto en la Antártida y el Ártico. Las abejas sin aguijón viven principalmente en lugares cálidos. Estos lugares incluyen América del Sur, África y Australia. Los abejorros viven en América del Norte, América Central, América del Sur, Europa y Asia.

Abeja melífera

Abejas sin aguijón

Abejorro

Las abejas sociales viven en nidos. Los nidos arriba del suelo a veces se llaman colmenas. La mayoría de los abejorros hacen sus nidos bajo tierra. Las abejas melíferas y las abejas sin aguijón silvestres suelen hacer nidos en grietas de rocas y agujeros en los árboles.

Las abejas melíferas se reúnen fuera de su nido, que se encuentra dentro de un agujero en un árbol.

La mayoría de las abejas melíferas de Estados Unidos no son salvajes. Están **domesticadas**. La gente hace lugares para que las abejas construyan colmenas, como cajas. La gente guarda parte de la miel que producen las abejas melíferas.

Los abejorros terrestres grandes suelen hacer sus nidos bajo tierra.

Los cuerpos de las abejas

Las abejas son **insectos**. Tienen tres partes principales del cuerpo. Son la cabeza, el tórax y el abdomen. Las alas están unidas al tórax. Las abejas tienen seis patas.

Una abeja reina se posa en la rama de un árbol cerca de abejas obreras más pequeñas.

Los abejorros y las abejas melíferas gigantes son las abejas sociales más grandes. Pueden crecer hasta aproximadamente 1 pulgada (2,5 centímetros) de largo.

Las reinas son las abejas más grandes de una colonia. Su tamaño les ayuda a poner huevos.

El tipo de abejorro más grande es el Bombus dahlbomii.

Las abejas comen **néctar** y **polen** de las flores. Una pieza bucal en forma de tubo llamada **probóscide** aspira el néctar.

Las abejas tienen cinco ojos. Dos ojos grandes les ayudan a ver colores brillantes. Usan estos ojos para encontrar flores. Tres ojos pequeños les ayudan a orientarse.

Las abejas tienen cuatro alas. Sus alas traseras son más pequeñas que las delanteras.

Los tres pequeños ojos de una abeja están ubicados en la parte frontal de su cabeza. Los ojos grandes están a los lados de su cabeza.

Hogar, dulce hogar

Las colonias de abejas están conformadas de hijos e hijas de una reina. Una colonia de abejorros puede tener hasta 400 abejas. Las colonias de la abeja melífera pueden tener hasta 50 mil abejas. ¡Las colonias de abejas sin aguijón pueden tener más de 100 mil abejas!

Antes de que crezca una colonia, las abejas necesitan un lugar seguro para construir un nido. Una vez que lo encuentran, las abejas trabajan juntas para construirlo.

Colonia de abejas melíferas

Colonia de abejas sin aguijón

Las abejas melíferas construyen sus colmenas con cera. La cera crece en su abdomen. Mastican la cera. Cuando esté lo suficientemente blando, podrán construir con él. Las abejas fabrican **celdas** para contener huevos y alimentos.

Los abejorros y las abejas sin aguijón también hacen sus nidos con cera. Cada tipo de abeja construye un tipo diferente de nido. Algunas abejas sin aguijón construyen colmenas en espiral.

Abejas sin aguijón en su colmena

Cada abeja tiene un trabajo

¿Cómo se mantiene organizado un hogar con tantas abejas? Cada abeja tiene su propio trabajo.

El trabajo de la reina es poner huevos. ¡Una abeja melífera reina puede poner más de mil huevos cada día!

Celdas de la abeja melífera con huevos en su interior

Una abeja obrera recolecta comida para llevarla al nido.

Las abejas obreras tienen la mayor cantidad de tareas. Construyen y reparan el nido. Salen volando del nido para buscar y traer comida. Alimentan a las crías que nacen de los huevos. Los obreras también defienden su hogar.

El trabajo de los zánganos es aparearse. Después del apareamiento, algunos zánganos mueren.

¿Qué tipo de abeja saldrá de una celda? ¡Depende de lo que come!

Los trabajadores alimentan a las crías con jalea real, miel y polen. La jalea real parece mocos blancos. Sólo las abejas obreras la producen. Una abeja melífera en crecimiento que se alimenta únicamente con jalea real se convierte en una reina. Las crías de obreras y zánganos son alimentadas jalea real, miel y polen. Las obreras elaboran miel a partir del néctar que recolectan.

Las abejas obreras usan cera para sellar celdas que están llenas de miel.

Sólo puede haber una reina ponedora de huevos a la vez. Cuando una abeja melífera reina muere, las abejas obreras rápidamente comienzan a alimentar a algunas crías solo con jalea real. Una de estas abejas se convierte entonces en la reina.

Las abejas sin aguijón tienen reinas de respaldo no apareadas en sus nidos. Si la reina actual muere, otra reina se aparea y toma el control.

Nuevas reinas crecen en los nidos de abejorros al final del verano. La vieja reina muere y las nuevas viven durante el invierno. En la primavera, inician sus propias colonias.

Las obreras rodean y cuidan a una abeja melífera reina durante toda su vida.

La comunicación importa

¿Qué es ese olor? Una abeja reina se comunica con otras abejas en un nido a través de químicos. Otras abejas huelen los químicos y responden. Por ejemplo, las sustancias químicas emitidas por una abeja melífera reina pueden atraer a los machos.

Las abejas siempre conocen a su reina a través del olfato. Si se elimina una abeja melífera y su olor desaparece, todas las abejas de la colmena lo sabrán en 15 minutos.

Cuando una abeja reina (centro) libera sustancias químicas, las obreras las esparcen por toda la colonia.

¡Gírate y da vueltas! ¡Muévete y menéate! Una abeja melífera obrera baila para informar a otras abejas sobre los mejores lugares para encontrar alimento. Los bailes les dicen a las abejas exactamente dónde está la comida.

Las reinas y las obreras son clave para mantener un nido en funcionamiento. Ayudan a la colonia a sobrevivir. ¡Las abejas hembras son increíbles!

Una abeja melífera obrera con sacos llenos de polen (centro) baila para decirles a otras abejas dónde se encuentra la comida.

Datos sorprendentes sobre las abejas

Una abeja melífera no prueba el alimento con la boca. ¡Lo prueba con sus **antenas**!

Las abejas tienen pelos por todo el cuerpo, ¡incluso en los ojos!

Las abejas melíferas votan sobre dónde construir sus colmenas. Cuando la mayoría de abejas obreras bailan en el mismo lugar, se mudan.

Las abejas melíferas son los animales más estudiados del mundo, a menos que cuentemos a los humanos.

Los abejorros no mueren después de usar sus aguijones, a diferencia de las abejas melíferas.

A diferencia de las abejas melíferas y los abejorros, las abejas sin aguijón están activas durante todo el año.

Las abejas melíferas domesticadas se trasladan por todo Estados Unidos para **polinizar** cultivos. Las abejas transportan polen de flor en flor. Esto ayuda a que crezcan nuevas plantas.

Las abejas solitarias son mejores polinizadoras que las abejas sociales. El polen que se acumula en sus cuerpos se desprende mejor de ellos.

¡Las abejas melíferas pueden batir sus alas hasta 230 veces por segundo!

Glosario

antena (an-TEN-na)—una de las extensiones sensibles de la cabeza de un insecto que se utiliza para sentir y tocar los olores; antenas es la palabra para más de una antena

celda (SEL-da)—uno de los compartimentos de un panal; un panal es un grupo de celdas en un nido de abejas que se utilizan para almacenar alimentos y huevos

colonia (co-LO-nia)—un grupo de animales que viven juntos

domesticado (do-mes-ti-CA-do)—mantenido para el uso humano

insecto (in-SEC-to)—un animal pequeño con una capa exterior dura, seis patas, tres secciones del cuerpo y dos antenas; la mayoría de los insectos tienen alas

néctar (NÉC-tar)—un líquido azucarado creado por las flores

polen (PO-len)—un polvo elaborado por las flores para ayudarlas a crear nuevas semillas

polinizar (po-li-ni-ZAR)—transferir polen de una planta a otra; el polen hace crecer nuevas plantas

probóscide (pro-BÓS-ci-de)—una pieza bucal larga con forma de tubo; los insectos lo usan para beber jugos de plantas

Índice

Sobre La Autora

Maivboon Sang es escritora de cuentos y no ficción. Cuando no escribe, le gusta leer libros de cocina de repostería. Vive en Minnesota con su marido, quien cree que prepara demasiados postres.